野生动物

[法] 爱尼丝·凡德维 著
[法] 埃马纽埃尔·艾蒂安 绘
杨晓梅 译

吉林科学技术出版社

LES ANIMAUX SAUVAGES
ISBN：978-2-09-255186-8
Text: Agnes Vandewiele
Illustrations: Emmanuelle Etienne

吉林省版权局著作合同登记号：
图字 07-2020-0055

图书在版编目（CIP）数据

野生动物 / (法) 爱尼丝•凡德维著 ; 杨晓梅译
. -- 长春 : 吉林科学技术出版社, 2023.1
(纳唐科学问答系列)
ISBN 978-7-5578-9570-9

Ⅰ. ①野… Ⅱ. ①爱… ②杨… Ⅲ. ①野生动物—儿童读物 Ⅳ. ①Q95-49

中国版本图书馆CIP数据核字(2022)第173880号

纳唐科学问答系列 野生动物

NATANG KEXUE WENDA XILIE YESHENG DONGWU

著　　者　[法]爱尼丝・凡德维
绘　　者　[法]埃马纽埃尔・艾蒂安
译　　者　杨晓梅
出 版 人　宛　霞
责任编辑　赵渤婷
封面设计　长春美印图文设计有限公司
制　　版　长春美印图文设计有限公司
幅面尺寸　226 mm×240 mm
开　　本　16
印　　张　2
页　　数　32
字　　数　30千字
印　　数　1-7 000册
版　　次　2023年1月第1版
印　　次　2023年1月第1次印刷

出　　版　吉林科学技术出版社
发　　行　吉林科学技术出版社
地　　址　长春市福祉大路5788号
邮　　编　130118
发行部电话/传真　0431-81629529　81629530　81629531
　　　　　　　　81629532　81629533　81629534
储运部电话　0431-86059116
编辑部电话　0431-81629520
印　　刷　吉广控股有限公司

书　　号　ISBN 978-7-5578-9570-9
定　　价　35.00元

目录

澳大利亚沙漠

这里有树袋熊、袋鼠、鸭嘴兽……好多好多神奇的动物，只有在澳大利亚才能见到它们的踪影！

袋鼠的袋子有什么用？

袋鼠宝宝出生时个头非常小，什么也看不见。它们要迅速爬到妈妈的育儿袋里，找到乳头喝奶，才能温暖安全地长大。

为什么蝙蝠要倒立着睡觉？

为了好好休息。蝙蝠的腿实在太瘦弱了，无法站立着支撑它们的身体。而且倒立在高处，遇到危险时，只要爪子一松，就可以轻松起飞。

丁格犬是狗吗？

是的，它们又名“澳大利亚丁格犬”。与家犬不同，它们不会吠叫，只能发出与狼嚎类似的叫声。

针鼹为什么要把自己卷起来？

为了保护自己。与刺猬一样，它们全身也长满了长长的刺。

为什么伞蜥的颈部有“斗篷”？

为了吓跑敌人。当它们感到危险时，会将颈部的薄膜张开，长大嘴巴，发出“嘶嘶”声。

撒哈拉沙漠

这里的天气十分炙热，水和植被非常罕见。因此，生活在这里的动物必须适应极端严酷的气候！

耳廓狐的耳朵为什么那么大？

耳廓狐的耳朵又宽又薄，是身体散热的好帮手。

蝎子尾巴末端的针有什么用？

用于自卫，也可以攻击，针里含有毒液，可以让对手动弹不得，甚至将其杀死。

为什么跳鼠的后腿那么长？

跳鼠的后腿长度是前腿的3～4倍。这样的身体构造让它们可以跳到2米多高，更容易摆脱猫这类天敌的追捕。

骆驼的驼峰里有什么？

是骆驼的脂肪储备，在长途跋涉缺乏水与食物时为身体提供能量。

为什么巨蜥要把舌头伸出来？

为了捕猎！巨蜥的舌头对气味十分敏感。每时每刻都要伸出舌头，确认附近是否有其他动物。

非洲草原

这里是广袤的非洲大草原，斑马、长颈鹿、大象悠闲地享用着植物大餐——它们是食草动物，而另一群猛兽则更爱吃肉——它们是食肉动物。

为什么长颈鹿的脖子那么长？

2米长的脖子让长颈鹿可以吃到刺槐树最顶端的叶子。那里离地面足足有6米哦！

所有斑马的条纹都一样吗？

不是的。绝不存在两匹条纹一样的斑马。专家们认为，这些条纹是斑马的“身份证”，作用是让它们可以辨认彼此。

大象的长鼻子有什么用？

呼吸、摘叶子放进嘴里、喝水、洗澡以及抚摸其他大象。

猎豹奔跑的速度和汽车一样快吗？

没错！它们冲刺的速度可达115千米/时，不过只能持续十几秒。它们是陆地上速度最快的奔跑者！

为什么雄狮有鬃毛？

雄狮在捍卫领地时会与其他雄性争斗。打架时，鬃毛可以起到保护颈部的作用。

非洲热带雨林

大猩猩在湿润的森林中过着集体生活。上午是它们觅食的时间，然后休息一会；到了下午，它们又要出发，踏上采摘果子的路途。

如何分辨雌性与雄性大猩猩呢？

雄性的体形是雌性的2倍，雄性的身高可以达到2米，体重可达200千克。

大猩猩宝宝由妈妈来照顾吗？

没错，大猩猩宝宝要喝母乳，和妈妈一起睡觉。4个月大时，它们学会爬行，可以开始吃树叶了。不过它们会跟妈妈一直待到3～4岁。

大猩猩在哪里睡觉？

大猩猩用树叶与树枝在地面上搭窝，在里面睡觉。每天晚上，它们都会建一个新的窝。

大猩猩也有首领吗？

最年长的雄性大猩猩要肩负起保卫群体的重担。首领也称为“银背”，因为背部的毛色会变成浅浅的银灰色。

它们为什么要互相“拔毛”？

它们不是在拔毛，而是找出藏在毛里的虱子。这也是大猩猩之间表达关心的一种方式。

亚马孙热带雨林

亚马孙热带雨林是许多动物的家。有些动物从不离开地面，有些总是挂在树上……每个物种都有自己的专属空间！

蟒蛇是如何杀死猎物的？

蟒蛇用身体将猎物缠绕，一点点收紧，直到猎物窒息而死。

食蚁兽长长的嘴巴有什么作用？

觅食。管形长嘴可以在蚁穴或白蚁穴的深处轻松找到食物。

凯门鳄名字的由来？

生活在亚马孙热带雨林的凯门鳄，由于它们眼睛之间有凸起的脊骨，因而得名。

树懒真的很懒吗？

树懒的行动很迟缓，常常连续几天挂在同一根树枝上。它们每天醒来的时间只有2小时。

捕鸟蛛如何保护自己？

捕鸟蛛遇到敌人便将自身的刺激性螯毛扫散，导致敌人全身发痒。

温带森林

夜幕降临，鹿、野猪、狐狸、猫头鹰纷纷现身，在灌木丛中寻找今天的大餐。

野猪突出的嘴巴有什么作用？

可以把泥土拱开，寻找落叶下的橡果、蘑菇与小动物。它们的嗅觉也十分敏锐。

鹿角是一种角质吗？

不是，它与骨头的成分一样。只有公鹿才有鹿角。每年冬天，鹿角会脱落，次年春天再重新生长。

为什么猫头鹰在夜里觅食？

猫头鹰大大的眼睛可以捕捉到最微弱的光线。敏锐的视觉与灵敏的嗅觉让猫头鹰成为了一种可怕的掠食者！

狐狸是如何捕捉猎物的？

狐狸拥有特别发达的听觉，可以轻松听到啮齿类动物发出的声音，即便在夜里也不例外。一旦找到猎物，狐狸就会发起突然袭击，向对方扑去。

貂闻起来很臭吗？

当貂受到惊吓时，会抬起尾巴，发出难闻的臭味，赶走敌人。这样它们就可以趁机逃走了！

中国森林

大熊猫生活在竹林之中。竹子也是它们的主要食物来源。地球上现存的大熊猫稀少，我们要好好保护它们！

大熊猫的第六根指头有什么作用？

可以折断竹子，进食时将竹子拿得更稳。

大熊猫只吃竹子吗？

大熊猫有时也会吃小动物。不过，大熊猫将绝大部分时间用来吃竹子，它们一天要吃掉30千克竹子！

大熊猫是熊吗？

大熊猫属于熊科。然而，与其他熊不同，大熊猫不是肉食性动物，也不冬眠。

为什么大熊猫的身上是黑白两色？

这是一个未解之谜。也许是为了爬树时可以更好地伪装自己，黑色与树枝融合，白色与天空融合。

大熊猫喜欢嬉闹吗？

大熊猫喜欢爬树，喜欢翻跟头。大熊猫可是“杂技”高手！

高山

动物们的生活节奏跟随着季节的变换而变换。土拨鼠和熊沉睡了一整个冬天。春暖花开，它们苏醒并开始觅食了。

为什么鹰的爪子那么大？

这样可以更容易抓住猎物并把它们带回巢中。鹰可以抓起一只土拨鼠、野兔，甚至是年幼的羚羊！

岩羚羊为什么不会从悬崖上坠落？

岩羚羊四个蹄上各有两个脚趾，像夹子一样，让它们可以牢牢抓住峭壁上的岩石。

棕熊很贪吃吗？

没错，棕熊吃昆虫、鱼、水果……遇到蜂巢，它们还会用爪子在上面挖个洞，享用美味的蜂蜜。

狼群中有首领吗？

有，由最强壮的公狼来担任首领。在狼群中，它是唯一可以挑选母狼、繁衍后代的雄性。

土拨鼠很爱睡觉吗？

没错！天气转冷时，土拨鼠就会躲进洞穴里，睡整整6个月，这就是冬眠。来年春天，它们再次醒来，饥肠辘辘。

亚洲热带雨林

雌性孟加拉虎独自抚养幼崽。小老虎玩闹时，妈妈要在一旁保护。到了晚上，妈妈要出去捕猎，为小老虎们带回晚餐。

为什么老虎妈妈要咬住小老虎的脖子？

如果小老虎跑得太远或遇到危险，老虎妈妈就会如右图这样把它们带回来。妈妈的动作很温柔，小老虎一点也不疼。

小老虎会和妈妈共同生活多久呢？

如果老虎妈妈有了新宝宝，就不会再照顾之前的孩子了。两岁时，小老虎要离开家，学习独立，不过它们已经掌握了捕猎和生活的技巧。

老虎喜欢水吗？

喜欢！它口渴时要来河边喝水，天热时要泡在河里，还可以游好几千米。有时，老虎还会来河里抓鱼吃。

为什么老虎身上有条纹？
这样可以更好地隐藏在森林与草地中。多亏了这个伪装，它们才能在不知不觉中接近猎物。
小老虎很活泼吗？
是的，小老虎会嚎叫、打架、翻跟头、互相追逐，这些行为都是在练习捕猎的技巧。
在图中找一找！
青蛙
壁虎
蜻蜓

海洋

蔚蓝的大海里，体形巨大的哺乳动物穿梭在色彩缤纷的小鱼与珊瑚之间……

为什么鲸要喷水？

当鲸浮上水面呼吸时，会从头部的小洞中排出气体，看上去就像喷出了一条水柱。

为什么章鱼的“手”那么多？

章鱼属于八腕目动物。布满吸盘的腕既可以帮助它们停在岩石上，也可以用于攻击猎物。

鲨鱼很危险吗？

不一定。虎鲨是可怕的掠食者，而鲸鲨虽然是鲨鱼中个头最大的，但只以小鱼与贝类为食。

为什么海豚要跳出水面？

海豚表演“特技”有多种作用，例如换气，减少前进阻力，甩掉寄生虫等。

海龟的壳有什么用？

龟壳上有坚硬的盾片，危险来临时躲在里面，可以很好地保护自己。

海冰

在北极，气温很低，白雪皑皑。冰层上，一头北极熊正在耐心等候海豹们浮上水面呼吸的时刻，以便扑上去捕获猎物。

为什么北极熊是白色的？

可以与冰天雪地融为一体，在不被发现的情况下悄悄接近猎物。另外，北极熊的毛是透明的，内部是空心结构，可以很好地保存阳光的热量。

为什么海豹在冰水里游泳不会冷？

因为海豹的皮肤下有一层厚厚的脂肪。脂肪不仅能保暖，还能帮助它们在水中更轻松地浮起来。

为什么海象有“象牙”？

象牙是打架的武器。也可以像钩子一样，帮助海象从海里爬到冰面上。

白鲸是如何捕猎的？

白鲸发出短促的叫声，声波遇到障碍物后返回，这样就可以确定猎物的方位了。

一角鲸的长牙有什么用？

这根螺旋状的长牙最长可达3米，是雄性之间打斗时的武器。

鹦鹉真的会说话吗？

不会，鹦鹉只是擅长模仿人的语言，尤其是它们重复听到的句子！

哪种动物生的蛋最大？

鸵鸟，鸵鸟蛋是鸡蛋大小的24倍，重量约为1.5千克。小鸵鸟要破壳而出时，至少要花上一天时间才能用嘴戳破蛋壳，看到外面的世界。

为什么变色龙要变色？

变色龙可以将自己隐藏起来，不被天敌或猎物发现。它变成环境的颜色，与周遭完美融合，达到“隐形”的目的。另外，这也是与其他变色龙交流的一种方式。

为什么犀牛有角？

当雄性犀牛间为交配而打架时，角就成为了最好的武器。不同种类的犀牛有1～2个角，有些种类的犀牛角可长到1.5米。

黑猩猩很聪明吗？

黑猩猩很聪明，知道如何制作和使用工具。它可以用石头敲破坚果，用树枝将躲起来的白蚁赶出巢穴。它是与人类亲缘关系最近的动物。

食人鱼很凶猛吗？

当一群食人鱼聚齐起来，就会成为凶猛、可怕的猎手，可以围攻比自己体型大得多的猎物，它们锋利的牙齿可以将对手撕个粉碎。

为什么树袋熊宝宝要紧紧抓着妈妈？

因为树袋熊宝宝已经长得太大了，无法继续待在妈妈的育儿袋里；但同时它们又尚未成熟，还没有能力离开妈妈独自生活。

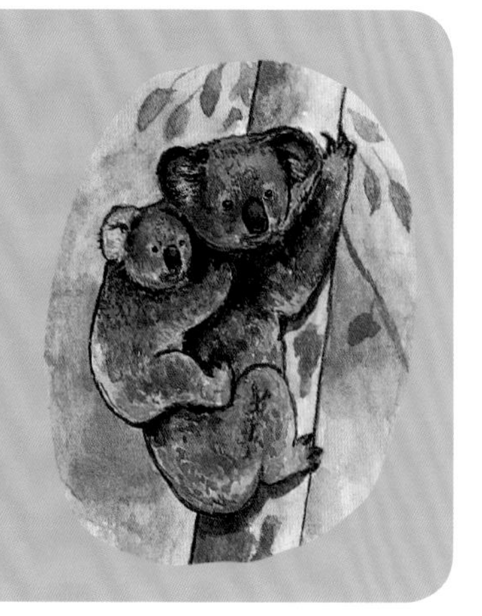

为什么鸭嘴兽的嘴巴扁扁的？

像鸭嘴一样的嘴巴可以帮助它在水底的淤泥中寻找可食用的昆虫或水草。

双峰骆驼

单峰骆驼

骆驼有几个驼峰？

两个驼峰的双峰骆驼主要分布在亚洲；单峰骆驼则主要分布在非洲与西亚。

没有水要如何生存？

沙漠中，绝大部分动物补充水分时都无法直接喝水。它们依靠猎物的血或植物中的水分生存。

瞪羚

为什么河马喜欢“泥浴”？

淤泥干燥后会在河马的皮肤上形成“保护膜”，避免河马遭到蚊虫叮咬。

鬣狗很凶猛吗？

鬣狗是可怕的猎手，从不惧怕从狮子口下夺食，也不排斥大口吞食腐烂的动物尸体。

为什么雄性大猩猩喜欢拍打胸脯？

为了吓跑敌人。它们还会发出尖叫，向对方投掷植物，直到敌人逃走为止。

大猩猩喜欢吃什么？

树叶、水果、树皮，还有刺蓟、野芹菜、荨麻……

巨嘴鸟的嘴巴为什么那么大？

巨嘴鸟靠巨大的嘴巴摘果子。有时，它们还会将果子抛向空中，再一口吞掉！

最小的猴子是什么？

倭狨，也叫“松鼠猴”。它们的身长只有12～15厘米，可以放在我们的手心里。

为什么松鼠要把松子藏起来？

为过冬提前储备粮食。松鼠先闻一闻松子，再将松子埋起来。冬天来临时，松鼠可以凭借气味找到它们之前藏起来的“储备粮”。不过有时，它们也会忘了“储备粮”到底藏在哪儿。

河狸如何搭建自己的“小屋”？

河狸先用锋利的牙齿将树枝咬断，然后叼到河边的筑巢点。在搭好小屋后，它们会在水下挖一个出入口，避开天敌。

大熊猫宝宝也是黑白色的吗？

不是，是粉色！出生9天后，它们开始长毛，不过要到20天时身上才会渐渐出现黑白的色彩。

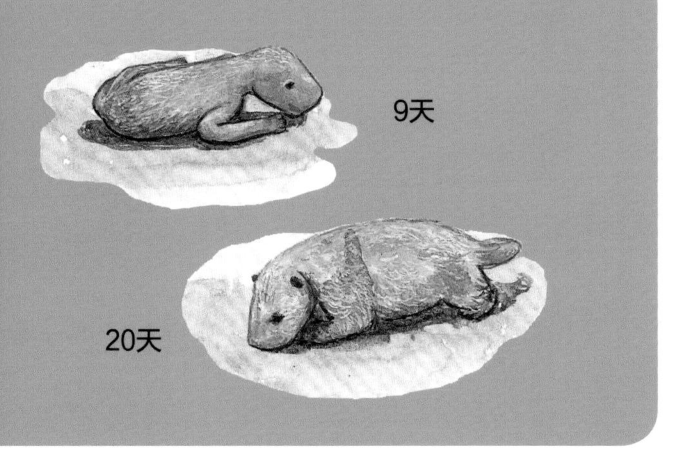

所有熊猫都长得差不多吗？

不是的，小熊猫就长得很像浣熊。毛茸茸的长尾巴既是枕头，也是被子。

为什么牦牛的毛特别长？

牦牛厚重的毛有两层，其中一层短绒毛可以把热气“拦下”。天气开始变热时，牦牛就要换毛。当天气又变冷时，它们的毛会再度长出来。

为什么羊驼要吐口水？

当羊驼觉得受到打扰，就会用吐口水来保护自己。如果两只羊驼间发生争执，有时会用吐口水来代替打架。

为什么老虎要大声吼叫？

为了在战斗中震慑对手。当老虎刚杀死了猎物或寻找雌性交配时，它们也会吼叫。

小老虎和家猫很像吗？

与猫确有很多相似之处，比如小老虎在喝奶时也会用爪子轻踩妈妈的肚子。小老虎的个头跟成年家猫差不多，不过，以后会越长越大。

海底也生活着许多鱼类吗？

当然，这里有许多奇怪的鱼。囊鳃鳗的尾巴上长着一颗能发光的球，就像灯泡，将周边的生物吸引过来。它们的嘴巴很大，胃部可以伸展，因此能吞下比自己个头更大的猎物。

海马也是一种鱼吗？

没错！海马属于硬骨鱼，用鳃呼吸，有背鳍、胸鳍和尾鳍。它们的背鳍，可以让它们“站着”游泳。